Tabuada do 1

Fale a tabuada do 1 em voz alta.

1

1 x	1 =	1	
1 x	2 =	2	
1 x	3 =	3	
1 x	4 =	4	
1 x	5 =	5	
1 x	6 =	6	
1 x	7 =	7	
1 x	8 =	8	
1 x	9 =	9	
1 x	10 =	10	

Encontre os adesivos com os resultados.

1 x 1 =

1 x 4 =

1 x 6 =

1 x 2 =

1 x 5 =

1 x 8 =

1 x 7 =

1 x 10 =

1 x 9 =

1 x 3 =

Escreva os números que faltam nestas operações.

1 x 1 = ...	5 x 1 = ...	...... x 1 = 10
...... x 1 = 4	8 x ...... = 8	9 x ...... = 9
6 x 1 = ...	2 x ...... = 2	...... x 6 = 6
...... x 1 = 3	...... x 1 = 7	8 x 1 = ...

Quando terminar, você merece uma estrela de ouro!

2

Tabuada do 2

Fale a tabuada do 2 em voz alta.

2

2 x 1 = 2
2 x 2 = 4
2 x 3 = 6
2 x 4 = 8
2 x 5 = 10
2 x 6 = 12
2 x 7 = 14
2 x 8 = 16
2 x 9 = 18
2 x 10 = 20

Encontre os adesivos com os resultados.

2 x 8 =
2 x 7 =
2 x 10 =
2 x 9 =
2 x 3 =
2 x 1 =
2 x 4 =
2 x 6 =
2 x 2 =
2 x 5 =

Escreva os números que faltam nestas operações.

3 x 2 = ...	6 x 2 = ...	9 x 2 = ...
...... x 2 = 8	8 x ...... = 16	...... x 2 = 20
2 x ...... = 4	5 x 2 = ...	8 x 2 = ...
1 x 2 = ...	...... x 2 = 14	4 x ...... = 8

Quando terminar, você merece uma estrela de ouro!

Tabuada do 3

Fale a tabuada do 3 em voz alta.

3

3 x 1 = 3
3 x 2 = 6
3 x 3 = 9
3 x 4 = 12
3 x 5 = 15
3 x 6 = 18
3 x 7 = 21
3 x 8 = 24
3 x 9 = 27
3 x 10 = 30

Encontre os adesivos com os resultados.

3 x 7 =
3 x 1 =
3 x 4 =
3 x 6 =
3 x 2 =
3 x 5 =
3 x 8 =
3 x 10 =
3 x 9 =
3 x 3 =

Escreva os números que faltam nestas operações.

2 x 3 = ...	8 x 3 = ...	1 x 3 = ...
...... x 3 = 21	...... x 3 = 30	...... x 3 = 9
9 x ...... = 27	5 x 3 = ...	9 x 3 = ...
...... x 3 = 30	6 x 3 = ...	...... x 3 = 12

Quando terminar, você merece uma estrela de ouro!

Tabuada do 4

Fale a tabuada do 4 em voz alta.

4 × 1 = 4
4 × 2 = 8
4 × 3 = 12
4 × 4 = 16
4 × 5 = 20
4 × 6 = 24
4 × 7 = 28
4 × 8 = 32
4 × 9 = 36
4 × 10 = 40

Encontre os adesivos com os resultados.

4 × 2 =
4 × 1 =
4 × 10 =
4 × 4 =
4 × 6 =
4 × 9 =
4 × 3 =
4 × 5 =
4 × 8 =
4 × 7 =

Escreva os números que faltam nestas operações.

1 × 4 = ...
...... × 4 = 16
2 × ...... = 8
3 × 4 = ...

9 × ...... = 36
...... × 4 = 40
4 × 4 = ...
...... × 4 = 20

5 × 4 = ...
8 × ...... = 32
6 × 4 = ...
...... × 4 = 28

Quando terminar, você merece uma estrela de ouro!

Tabuada do 5

Fale a tabuada do 5 em voz alta.

5

5 x 1 =	5
5 x 2 =	10
5 x 3 =	15
5 x 4 =	20
5 x 5 =	25
5 x 6 =	30
5 x 7 =	35
5 x 8 =	40
5 x 9 =	45
5 x 10 =	50

Encontre os adesivos com os resultados.

5 x 4 =

5 x 1 =

5 x 6 =

5 x 7 =

5 x 10 =

5 x 9 =

5 x 3 =

5 x 2 =

5 x 5 =

5 x 8 =

Escreva os números que faltam nestas operações.

...... x 5 = 15	5 x 5 = ...	1 x 5 = ...
9 x ...... = 45	8 x ...... = 40	2 x ...... = 10
...... x 5 = 50	6 x 5 = ...	...... x 5 = 35
2 x 5 = ...	...... x 5 = 20	10 x ...... = 50

Quando terminar, você merece uma estrela de ouro!

Tabuada do 6

Fale a tabuada do 6 em voz alta.

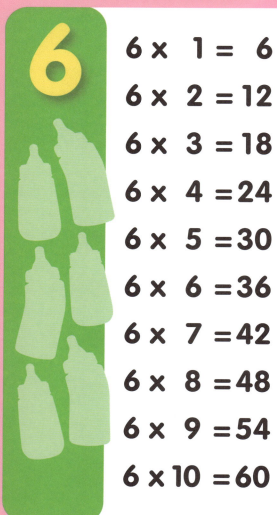

6

6 x 1 = 6
6 x 2 = 12
6 x 3 = 18
6 x 4 = 24
6 x 5 = 30
6 x 6 = 36
6 x 7 = 42
6 x 8 = 48
6 x 9 = 54
6 x 10 = 60

Encontre os adesivos com os resultados.

6 x 10 =
6 x 1 =
6 x 4 =
6 x 5 =
6 x 6 =
6 x 2 =
6 x 8 =
6 x 7 =
6 x 9 =
6 x 3 =

Escreva os números que faltam nestas operações.

1 x 6 = ...	5 x 6 = ...	...... x 6 = 30
...... x 6 = 60	8 x ...... = 48	9 x ...... = 54
2 x ...... = 12	6 x 6 = ...	...... x 6 = 24
3 x 6 = ...	...... x 6 = 42	7 x 6 = ...

Quando terminar, você merece uma estrela de ouro!

Tabuada do 7

Fale a tabuada do 7 em voz alta.

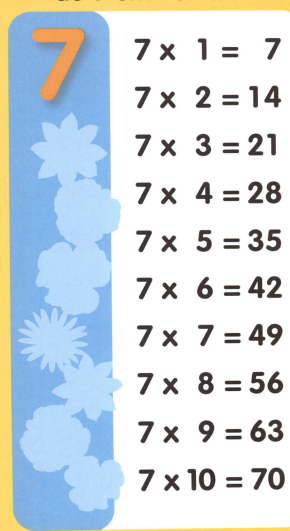

7 × 1 = 7
7 × 2 = 14
7 × 3 = 21
7 × 4 = 28
7 × 5 = 35
7 × 6 = 42
7 × 7 = 49
7 × 8 = 56
7 × 9 = 63
7 × 10 = 70

Encontre os adesivos com os resultados.

7 × 1 =
7 × 4 =
7 × 6 =
7 × 7 =
7 × 10 =
7 × 9 =
7 × 3 =
7 × 2 =
7 × 5 =
7 × 8 =

Escreva os números que faltam nestas operações.

9 × 7 = ...	8 × 7 = ...	1 × 7 = ...
...... × 7 = 21	5 × ...... = 35	...... × 7 = 49
6 × 7 = ...	2 × ...... = 14	...... × 7 = 70
...... × 7 = 28	...... × 7 = 42	3 × ...... = 21

Quando terminar, você merece uma estrela de ouro!

Tabuada do 8

Fale a tabuada do 8 em voz alta.

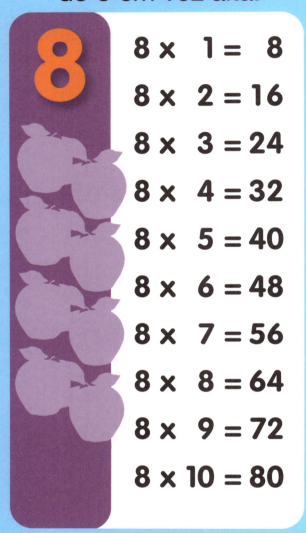

8

8 x 1 = 8
8 x 2 = 16
8 x 3 = 24
8 x 4 = 32
8 x 5 = 40
8 x 6 = 48
8 x 7 = 56
8 x 8 = 64
8 x 9 = 72
8 x 10 = 80

Encontre os adesivos com os resultados.

8 x 2 =
8 x 5 =
8 x 8 =
8 x 7 =
8 x 1 =
8 x 4 =
8 x 6 =
8 x 10 =
8 x 9 =
8 x 3 =

Escreva os números que faltam nestas operações.

5 x 8 = ...	...... x 8 = 32	1 x 8 = ...
8 x ...... = 64	9 x ...... = 72	...... x 8 = 56
6 x 8 = ...	...... x 8 = 80	2 x ...... = 16
...... x 8 = 8	2 x 8 = ...	3 x 8 = ...

Quando terminar, você merece uma estrela de ouro!

Tabuada do 9

9

Fale a tabuada do 9 em voz alta.

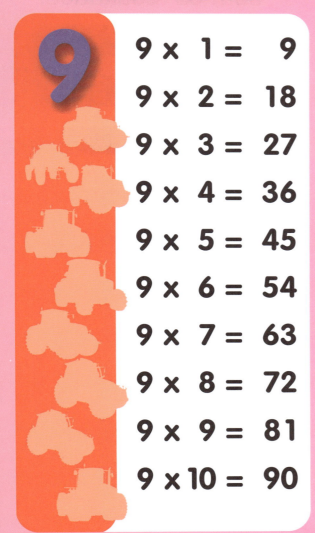

9

9 x 1 = 9

9 x 2 = 18

9 x 3 = 27

9 x 4 = 36

9 x 5 = 45

9 x 6 = 54

9 x 7 = 63

9 x 8 = 72

9 x 9 = 81

9 x 10 = 90

Encontre os adesivos com os resultados.

9 x 4 =

9 x 6 =

9 x 2 =

9 x 1 =

9 x 5 =

9 x 8 =

9 x 10 =

9 x 9 =

9 x 3 =

9 x 7 =

Escreva os números que faltam nestas operações.

1 x 9 = ...

8 x ...... = 72

2 x ...... = 18

4 x 9 = ...

5 x 9 = ...

...... x 9 = 36

6 x 9 = ...

...... x 9 = 90

...... x 9 = 63

9 x ...... = 81

3 x 9 = ...

...... x 9 = 45

Quando terminar, você merece uma estrela de ouro!

Tabuada do 10

10

Fale a tabuada do 10 em voz alta.

10

10 × 1 = 10
10 × 2 = 20
10 × 3 = 30
10 × 4 = 40
10 × 5 = 50
10 × 6 = 60
10 × 7 = 70
10 × 8 = 80
10 × 9 = 90
10 × 10 = 100

Encontre os adesivos com os resultados.

10 × 4 =
10 × 6 =
10 × 2 =
10 × 1 =
10 × 5 =
10 × 8 =
10 × 7 =
10 × 10 =
10 × 9 =
10 × 3 =

Escreva os números que faltam nestas operações.

1 × 10 = ...
...... × 10 = 40
2 × ...... = 20
9 × 10 = ...

5 × 10 = ...
8 × ...... = 80
6 × 10 = ...
3 × 10 = ...

...... × 10 = 70
...... × 10 = 100
9 × ...... = 90
...... × 10 = 20

Quando terminar, você merece uma estrela de ouro!

Hora da prova!

Com os adesivos, resolva as seguintes operações.

8 x 3 =	4 x 5 =	6 x 7 =
2 x 5 =	5 x 1 =	5 x 6 =
7 x 7 =	8 x 6 =	8 x 7 =
7 x 10 =	3 x 9 =	2 x 2 =
10 x 10 =	9 x 6 =	7 x 1 =
8 x 9 =	7 x 2 =	8 x 8 =
5 x 10 =	2 x 10 =	10 x 4 =
3 x 1 =	10 x 7 =	9 x 3 =
1 x 9 =	9 x 8 =	6 x 9 =
4 x 8 =	6 x 3 =	3 x 10 =
6 x 4 =	1 x 1 =	1 x 10 =
5 x 7 =	5 x 4 =	4 x 4 =

Escreva os números que faltam.

5 x 2 = ...	5 x 8 = ...	1 x 5 = ...
...... x 3 = 27	8 x ...... = 80	...... x 6 = 36
9 x ...... = 81	6 x 5 = ...	2 x ...... = 14
...... x 6 = 60	...... x 10 = 70	...... x 8 = 48

Quando terminar, você merece uma estrela de ouro!

Mais multiplicações!

Escreva os números que faltam nestas operações.

2 x 2 = ...   3 x ...... = 18
1 x ...... = 1   ...... x 6 = 30
...... x 7 = 7   5 x 8 = ...
3 x 4 = ... x 6 = 36
4 x ...... = 8   6 x 4 = ...
5 x 5 = ... x 5 = 35
...... x 4 = 12   5 x ...... = 45
...... x 10 = 80   10 x 10 = ...
1 x 5 = ... x 2 = 18
10 x ...... = 10   5 x ...... = 15
6 x 2 = ...   7 x 4 = ...
...... x 2 = 4   6 x ...... = 60

Agora resolva estas!

4 x 5 = ...   9 x 9 = ...   9 x 7 = ...
...... x 9 = 72   8 x ...... = 64   ...... x 8 = 56
5 x ...... = 45   7 x 10 = ...   6 x ...... = 60
...... x 4 = 40   ...... x 7 = 49   ...... x 10 = 50

Quando terminar, você merece uma estrela de ouro!